SERIE:

MATEMÁTICAS PARA LA RELATIVIDAD GENERAL

RELACIÓN DE TEMAS QUE SE CONSIDERARÁN EN LA SERIE:

. Transformación de coordenadas

. Tensores (magnitudes tensoriales)

. Notación de índices

$$dx'_\sigma = \sum_\nu \frac{\partial x'_\sigma}{\partial x_\nu} dx_\nu$$

$$A'^\sigma = \sum_\nu \frac{\partial x'_\sigma}{\partial x_\nu} A^\nu$$

. Operaciones con tensores

. Rango de un tensor

. El tensor fundamental

. La "métrica" o "tensor métrico"

. El "intervalo": el objeto geométrico fundamental

$$ds^2 = \sum g_{ik} \, dx^i dx^k$$

. La Derivada covariante

$$DA^i = \left(\frac{\partial A^i}{\partial x^l} + \Gamma^i_{kl} A^k \right) dx^l$$

Aunque este primer número de "MATEMÁTICAS PARA LA RELATIVIDAD GENERAL" se dedica principalmente al tema de las "TRANFORMACIONES DE COORDENADAS", se han incluido en él explicaciones de las fórmulas que aparecen al principio en la lista de temas a considerar, de modo que proporcionen ya una introducción al cálculo tensorial, y ofrezcan una visión de conjunto básica, que permita comprender con facilidad cómo se consigue la equivalencia de todos los diversos sistemas de coordenadas, la llamada "covariancia general", tal como se requiere en RELATIVIDAD GENERAL.

VISIÓN DE CONJUNTO

TRANSFORMACIONES DE COORDENADAS

En este primer número de la serie se considera el tema: TRANSFORMACIÓN DE COORDENADAS (Cómo pasar de un sistema de coordenadas a otros).

Se incluyen también explicaciones que se pueden considerar como una visión de conjunto abreviada de lo más esencial de la Relatividad General y sus matemáticas, como introducción a la serie.

TRANSFORMACIÓN DE COORDENADAS: Cómo pasar de un sistema de coordenadas a otros .

Supongamos que aplicamos una fuerza de un valor determinado sobre algún objeto masivo con el fin de cambiar su estado de movimiento; por ejemplo podemos necesitar mover un objeto que está en reposo para trasladarlo a otro lugar; el resultado que consigamos al aplicarla no dependerá solo del valor absoluto de la fuerza, sino también de la dirección y sentido en que la apliquemos.

Si queremos colocar el objeto a la derecha de su posición actual, deberemos aplicar la fuerza ("empujar", por decirlo así), en la dirección "izquierda-derecha", y empujando hacia el lado derecho (en sentido derecho). Si en vez de eso nos colocásemos a la derecha del objeto, y aplicásemos la misma cantidad hacia el otro sentido, el izquierdo, no conseguiríamos el mismo efecto, sino el efecto contrario.

En muchas situaciones físicas intervienen varias fuerzas al mismo tiempo, y en muchos casos no solo difieren en magnitud o valor absoluto, sino también en las direcciones y sentidos en que se aplican, de modo que para calcular el efecto combinado de todas ellas, es necesario tener en cuenta todo eso.

Esto ha llevado al desarrollo del "cálculo vectorial". Un "vector" (de la palabra latina "vehere: transportar") o "magnitud vectorial", como por ejemplo una "fuerza", queda completamente especificada por un conjunto de valores numéricos, que determinan tanto su magnitud (o valor absoluto), como también la dirección y sentido en el que actúan en una situación física determinada.

Se pueden representar gráficamente por una línea o segmento orientado; una forma de hacerlo es utilizar un "sistema de coordenadas". Hay diferentes clases de sistemas de coordenadas. Por ejemplo podemos usar "coordenadas cartesianas". Un sistema de coordenadas cartesianas consiste, en el caso generalmente más básico, en tres líneas rectas, perpendiculares entre sí, y unidas las tres en un punto al que se llama "origen" del sistema de coordenadas. Una de las líneas está en la dirección "izquierda-derecha", la otra en la dirección "adelante-atrás", y la tercera en la dirección "arriba-abajo", abarcando así todas las "posiciones posibles" en el "espacio tridimensional" (o "variedad tridimensional"). Cada dos de tales ejes son los límites de un plano, de modo que los tres delimitan tres planos unidos y perpendiculares entre sí, como si fueran, por ejemplo, dos paredes de una habitación unidas en una de las esquinas, y el suelo La "magnitud vectorial" o "vector" se representa entonces por medio de una línea recta cuyo extremo inicial se sitúa en el "origen" del sistema de coordenadas, y desde ese punto llega a cualquier otro punto posible del "espacio tridimensional", ya que todos están comprendidos en el "volumen" abarcado por los planos limitados por el sistema de tres líneas o ejes perpendiculares entre sí que hemos definido. La "longitud" del "vector" representa su "valor absoluto". Por ejemplo, si el vector representa una "fuerza", su longitud, mayor o menor, sirve para especificar la "cantidad de fuerza", y, como en la representación gráfica la línea que representa la "magnitud vectorial", parte desde el origen con una dirección y sentido específicos, que sitúan el extremo final del "vector" a determinadas distancias de cada uno de los tres planos que delimitan los tres ejes del sistema de coordenadas, tres números diferentes para cada "punto" del "espacio", tanto la longitud como posición (dirección y sentido) del vector, quedan plenamente especificados, conociendo los valores numéricos de las tres distancias respectivas de su extremo final a cada uno de los tres planos delimitados por los tres ejes. Esas tres cantidades se llaman "componentes del vector" en ese sistema de coordenadas.

Pero, como dijimos antes, se pueden usar otros sistemas de coordenadas, a veces porque es conveniente, y a veces porque es necesario, dependiendo del proceso físico que estemos estudiando.

Si, por ejemplo, necesitamos calcular la fuerza gravitatoria en un punto del entorno de una masa esférica que la origina, puede ser más conveniente utilizar "coordenadas esféricas" en vez de "coordenadas cartesianas". En coordenadas esféricas el "vector" se especifica por medio de tres valores numéricos también, pero en este caso se trata de una "distancia" y dos ángulos: la "distancia" es la distancia directa desde el origen del "sistema de coordenadas esférico" hasta el extremo final del vector (es decir, el "radio"), y los dos ángulos son el número de grados que dicho extremo final "está girado" en las direcciones arriba-abajo y derecha-izquierda, respectivamente.

En otros casos se pueden utilizar coordenadas curvilíneas de todo tipo. Volvamos al ejemplo inicial del uso de coordenadas cartesianas para definir una magnitud vectorial, como una fuerza.

Imaginemos que desde el origen, junto a los tres ejes rectos y perpendiculares entre sí, trazamos tres líneas curvas; el extremo inicial del vector también queda situado en el origen de este nuevo sistema de coordenadas, de modo que podemos medir las distancias desde su extremo final a cada una de las tres "superficies" delimitadas por las curvas; esas distancias serán las "componentes del vector" en el nuevo sistema, y como es fácil comprender, tendrán valores distintos a sus "componentes cartesianas". Sin embargo el valor del vector debería seguir siendo el mismo, puesto que representa una magnitud física, como una "fuerza", según el ejemplo anterior.

De modo que hace falta utilizar procedimientos matemáticos que permitan cambiar de un sistema de coordenadas a otro cualquiera, es decir, disponer de las fórmulas adecuadas con las que calcular como se transforman las coordenadas (o componentes) cuando se pasa de un sistema a otro.

Esto ya es necesario en la física clásica de Newton, y las fórmulas de transformación que se utilizan son las "transformaciones de Galileo"; permiten transformar las coordenadas al pasar de un sistema de referencia a otro que se encuentra en movimiento rectilíneo uniforme respecto al primero. Un observador que experimente y mida magnitudes físicas en el sistema en que se encuentra, podrá usar esas transformaciones para obtener los valores obtenidos por un observador en otro sistema que haya hecho los mismos experimentos, y las "leyes de la naturaleza", (siendo las del "movimiento" las que generalmente se consideran las más fundamentales), tendrán la misma forma en los dos sistemas, y en todos los sistemas en los que se cumpla la "ley de inercia" (sistemas inerciales).

Con el descubrimiento de la Relatividad especial se hizo necesario utilizar otro tipo de transformación de coordenadas; en lugar de las "transformaciones de Galileo", en "Relatividad especial" se usan las "transformaciones de Lorentz", que dejan invariante el valor de la velocidad de la luz; todos los observadores en diferentes sistemas, en movimiento rectilíneo uniforme unos respecto a otros, hallarán el mismo valor para la velocidad de la luz, pues es una constante universal, aunque pueden obtener diferentes valores en las medidas de longitudes e intervalos temporales.

La Relatividad General, de la que la Relatividad especial es un caso particular, (o un "caso límite"), se aplica a todos los sistemas de referencia, incluyendo sistemas con aceleraciones de cualquier tipo (sistemas no inerciales), de modo que no se limita a los sistemas inerciales. Como es fácil comprender, esto hace necesario usar métodos matemáticos de transformación de coordenadas, diferentes y más generales que los que se utilizan en física clásica y en Relatividad especial.

Pero mucho antes de que Einstein descubriera y desarrollara la Relatividad General, físicos y matemáticos ya habían comprendido que las "leyes de la naturaleza" deberían, por lógica, ser algo universal, y no algo dependiente de los sistemas de coordenadas que se utilizasen al estudiarlas; después de todo, si fuese así, ¿qué sentido tendría llamarlas "leyes de la naturaleza" (de validez universal), si cambiasen con un simple cambio de "sistema de coordenadas"?.

Por tanto habían desarrollado ya métodos matemáticos muy generales de transformaciones de coordenadas que tuviesen en cuenta este hecho, aplicables en física y en geometría, el llamado "cálculo diferencial absoluto".

Imaginemos un sistema de coordenadas cartesianas, pero eliminando un eje de los tres que hemos mencionado antes; se trata simplemente de dos líneas rectas, perpendiculares entre sí, y unidas por uno de los extremos de cada una, compartiendo así un único "punto", el "origen" del sistema de coordenadas, que en este caso es "bidimensional", pues consta solo de dos ejes, en lugar del "tridimensional" mencionado antes, y puede ser representado gráficamente sobre un plano.

Si en ese gráfico dibujamos un "vector", una línea recta que va desde el origen hasta cualquier punto del plano en el que se encuentran los dos ejes, hay una fórmula sencilla para calcular su longitud, que representa el "valor absoluto" de la magnitud física con la que identifiquemos a dicho vector, pues si dibujamos desde el extremo del vector dos líneas rectas, una hasta cada eje del sistema de coordenadas, perpendiculares entre sí, cada una de ellas será paralela a uno de los dos ejes, cada línea será la "distancia" del extremo final del vector a cada uno de los dos ejes, es decir, sus "componentes cartesianas", y dichas "componentes" formarán con el vector un triángulo rectángulo en el que el vector será la "hipotenusa", y las componentes serán los "catetos". Podremos pues calcular la longitud del vector a partir de los valores de las componentes, simplemente usando el teorema de Pitágoras: el cuadrado de la longitud del vector será igual a la suma de los cuadrados de sus componentes, y el teorema se cumple también en tres dimensiones, de modo que en un sistema de coordenadas tridimensional, con tres ejes, podremos hacer el cálculo simplemente sumando también el cuadrado de la tercera componente.

Al utilizar el cálculo infinitesimal, tal como se necesita hacer en ciencia, el valor de una "magnitud vectorial" se podrá también calcular del mismo modo, llevando el teorema de Pitágoras al nivel infinitesimal.

En ese caso lo escribiremos así:

$$ds^2 = dx^2 + dy^2 + dz^2$$

"ds" es el equivalente infinitesimal de la "longitud" del vector (se le suele llamar: "elemento de línea"), y "dx, dy, dz" son las tres coordenadas o componentes del vector, expresadas en forma diferencial.

De esta manera podremos hacer operaciones con magnitudes vectoriales utilizando los métodos del cálculo infinitesimal.

Cómo queremos aplicar estos procedimientos matemáticos a la Relatividad, y en ella espacio y tiempo están íntimamente ligados de una forma particular, tenemos que considerar transformaciones de cuatro coordenadas relacionadas entre sí, siendo el "tiempo" una de ellas, y las otras tres las coordenadas espaciales, formando juntas un "objeto matemático" llamado "tetravector" o "cuadrivector", el equivalente a un vector, pero en el "espacio (o variedad) de cuatro dimensiones" de la Relatividad.

Para hallar las fórmulas de transformación de un sistema de coordenadas cualquiera a otro, que sean de la mayor generalidad posible, es decir que permitan hacer transformaciones de unos sistemas a otros, sean cuales sean los tipos de coordenadas de los sistemas implicados (coordenadas cartesianas, esféricas, cilíndricas, o curvilíneas en general, de cualquier forma arbitraria), lo que se necesita es conocer cuánto ha variado el valor de *cada componente* en el nuevo sistema *con relación a cada una de las componentes* del otro.

Expresándolo directamente, para que se comprenda bien la idea clave, pensemos en un sistema de coordenadas de tres ejes, e identifiquemos a cada uno de ellos por medio de una letra distinta; podemos llamar a los ejes del primer sistema "x", "y" y "z", y a los del segundo "h", "u" y "v", por ejemplo. Si los ejes son rectos y perpendiculares entre sí (sistema de coordenadas cartesianas), serán las líneas que limitan tres planos mutuamente perpendiculares: podemos identificar tales planos por las parejas de ejes que los delimitan; en este caso los planos serán "x, y", "x, z" y "z, y".

Pero si los ejes son curvos, las superficies que delimitan no serán "planos", sino que podrán tener todo tipo de curvaturas o distorsiones; aun así, también podremos identificar a cada superficie por las dos líneas que limitan a cada una.

Las componentes pueden ser identificadas también por las letras correspondientes a los ejes.

Por ejemplo, en el sistema cartesiano (x, y, z) "x" e "y" pueden ser los límites del plano que forma la base del sistema, como el suelo en el ejemplo de la habitación, y "z" puede ser la altura desde esa base. Si desde el extremo final del vector trazamos una línea perpendicular hasta la base, su longitud, o distancia hasta la base, puede ser la "componente z", y las dos distancias desde el punto de la base al que llegue la componente "z", a cada uno de los ejes "x" e "y", serán respectivamente las componentes "x" e "y" del vector.

Y podemos hacer lo mismo con el otro sistema (h, u, v), aunque tales líneas y las superficies que delimitan tengan curvaturas y deformaciones de cualquier tipo, especialmente cuando consideramos distancias infinitesimales, pues en esas regiones sumamente diminutas las variaciones con respecto a la rectitud de las componentes cartesianas serán también pequeñas, aunque por supuesto habrá que tenerlas en cuenta.

Es semejante a lo que ocurre en la superficie de una esfera del tamaño de la Tierra, por ejemplo: una porción muy pequeña de tal superficie se desvía poco de una superficie plana.

 Como estamos usando cálculo infinitesimal, las variaciones que buscamos son las "tasas de cambio" infinitesimales, que, como sabemos, son las "derivadas" de unas magnitudes respecto a otras, con las que guardan una determinada relación funcional.

De modo que, en el ejemplo que estamos considerando, el valor de "h" se diferenciará del valor de "x" en una cantidad determinada, y se diferenciará del valor de "y" en otra cantidad **_distinta_**, y del valor de "z" en otra cantidad **_también distinta_** de las otras dos.

Podemos, por tanto, considerar a "h" como una función de las tres "variables": "x", "y", "z". (hemos llamado "variables" a "x", "y", y "z", porque queremos representar con ellas a todo sistema de coordenadas tridimensional posible, pues estamos buscando una regla general de transformación de coordenadas, y en cada sistema tendrán un valor distinto).

La derivada de una función de más de una variable se calcula derivando por separado la función con respecto a cada una de las variables, y luego sumando las "derivadas parciales" obtenidas. La razón es la misma que cuando hallamos la derivada de una suma de funciones distintas de la misma variable: la derivada total de la función es la suma de todas las derivadas, pues cada función en la suma hace su "aportación" (en general diferente a las otras) a la "variación total" de la función.

Para distinguir las "derivadas parciales" de la derivada normal de una función de una sola variable, en lugar de utilizar la "d" latina en la expresión de las diferenciales, se utiliza la letra del alfabeto griego $"\partial"$, $delta\ minúscula$.

De modo que la derivada (o tasa total de variación) de "h" con respecto a la función de tres variables $f(x, y, z)$, la escribiremos así:

$$dh = \frac{\partial h}{\partial x}dx + \frac{\partial h}{\partial y}dy + \frac{\partial h}{\partial z}dz$$

A continuación tendremos que hacer lo mismo para hallar las variaciones de las otras dos coordenadas o componentes: "u" y "v", de modo que la transformación de coordenadas de un sistema a otro se realiza utilizando el sistema de ecuaciones:

$$dh = \frac{\partial h}{\partial x} dx + \frac{\partial h}{\partial y} dy + \frac{\partial h}{\partial z} dz$$

$$du = \frac{\partial u}{\partial x} dx + \frac{\partial u}{\partial y} dy + \frac{\partial u}{\partial z} dz$$

$$dv = \frac{\partial v}{\partial x} dx + \frac{\partial v}{\partial y} dy + \frac{\partial v}{\partial z} dz$$

En este ejemplo hemos usado sistemas de tres coordenadas, que seguramente nos hacen pensar en las coordenadas de posición en el espacio tridimensional con el que estamos familiarizados.

En este "espacio" o "variedad tridimensional", la posición de un objeto con relación a un sistema de coordenadas o el valor de una magnitud vectorial, tienen, como hemos visto, tres componentes.

Pero en física hay que hacer operaciones con dos o más de tales magnitudes, y eso puede dar lugar a obtener otras magnitudes, que pueden tener más de tres componentes (o en algunos casos menos, como veremos).

Por ejemplo, definimos el trabajo realizado para mover un objeto, como el producto de la fuerza empleada por el espacio que lo hemos desplazado:

TRABAJO = FUERZA X ESPACIO

Pero las dos magnitudes que multiplicamos son realmente magnitudes vectoriales, como ya hemos visto: el "vector fuerza" y el "vector de posición", y además hay que escribir las fórmulas en el lenguaje del cálculo infinitesimal; la expresión correcta en este caso es:

$$W = \int_a^b \mathbf{F} \ \mathrm{d}\mathbf{e}$$

El "trabajo" es la integral de la fuerza con respecto al espacio, y su valor corresponde también a la "energía" que hemos empleado para realizarlo. Lo expresamos como una integral definida, para indicar que hemos movido el objeto desde el punto "a" hasta el "b". La "F" y la "e" (Fuerza y espacio) se escriben en "negrita" para indicar que son magnitudes vectoriales, de modo que cada una de ellas es la "suma vectorial" de tres componentes, y al multiplicar dos vectores, cada componente de uno hay que multiplicarla por cada componente del otro, y sumar todos los productos; eso da lugar a nueve términos en la suma.

En este caso la suma resultante es una magnitud escalar: el valor del trabajo realizado, o, de manera equivalente, el de la energía empleada, y la suma resulta ser un solo número.

Esto es así porque en el cálculo vectorial, los requisitos de la física dan lugar a dos tipos de producto, el "producto escalar" (o "producto punto"), y el "producto vectorial" (o "producto cruz").

El producto escalar se define de manera que, aunque se multipliquen vectores, el resultado final es una magnitud escalar, debido a que eso es lo que ocurre en la física real, como hemos visto en el caso del cálculo del "trabajo" (o la "energía").

Según la definición del producto escalar, los dos vectores se multiplican también por el coseno del ángulo que forman entre ellos; a su vez las componentes de los vectores se expresan cada una como el producto de un número (un escalar), por cada uno de los llamados "vectores unitarios": **i, j, k.**

Tales vectores unitarios son perpendiculares entre sí, de modo que el ángulo que cada uno forma con los otros dos es de 90°; como consecuencia de esto, y ya que en el producto escalar hay que multiplicar los vectores entre sí, y además por el coseno del ángulo entre ellos, resulta que:

$$\mathbf{i} \cdot \mathbf{i} = 1 \; ; \quad \mathbf{j} \cdot \mathbf{j} = 1 \; ; \quad \mathbf{k} \cdot \mathbf{k} = 1$$

$$\mathbf{i} \cdot \mathbf{j} = 0 \; ; \quad \mathbf{i} \cdot \mathbf{k} = 0 \; ; \quad \mathbf{j} \cdot \mathbf{k} = 0$$

(puesto que "coseno 0° = 1", y "coseno 90° = 0").

De modo que al multiplicar, de manera escalar, dos vectores, expresando el producto así:

$$(A \, \mathbf{i} + B \, \mathbf{j} + C \, \mathbf{k}) \cdot (D \, \mathbf{i} + F \, \mathbf{j} + G \, \mathbf{k})$$

todos los términos de la suma resultante van multiplicados por 0 o por 1, así que los "vectores unitarios" ($\mathbf{i}$, $\mathbf{j}$, $\mathbf{k}$) "desaparecen", y al final solo queda una suma de números que da como resultado una cantidad escalar.

También se dan situaciones en física en las que la interacción de dos magnitudes vectoriales no da como resultado un escalar, por lo que se hace necesario definir otro tipo de "producto" entre vectores: el "producto vectorial"

Por ejemplo, los campos eléctricos y los campos magnéticos son magnitudes vectoriales; si un cuerpo con carga eléctrica se mueve genera en torno suyo un campo magnético; el producto vectorial se define de forma que pueda representar matemáticamente situaciones físicas como esa.

Estos ejemplos ilustran que al operar con las diferentes magnitudes en el estudio del mundo físico, se generan otras que pueden tener que ser caracterizadas, definidas y calculadas, haciendo uso de un número arbitrario de "componentes".

En el ejemplo que antes estudiamos, para hacer una transformación de coordenadas de un sistema cualquiera, a otro también arbitrario, teníamos:

$$dh = \frac{\partial h}{\partial x}\,dx + \frac{\partial h}{\partial y}\,dy + \frac{\partial h}{\partial z}\,dz$$

$$du = \frac{\partial u}{\partial x}\,dx + \frac{\partial u}{\partial y}\,dy + \frac{\partial u}{\partial z}\,dz$$

$$dv = \frac{\partial v}{\partial x}\,dx + \frac{\partial v}{\partial y}\,dy + \frac{\partial v}{\partial z}\,dz$$

De modo que, para hacer el cálculo necesitamos el valor de estas nueve magnitudes:

$$\frac{\partial h}{\partial x} \quad \frac{\partial h}{\partial y} \quad \frac{\partial h}{\partial z}$$

$$\frac{\partial u}{\partial x} \quad \frac{\partial u}{\partial y} \quad \frac{\partial u}{\partial z}$$

$$\frac{\partial v}{\partial x} \quad \frac{\partial v}{\partial y} \quad \frac{\partial v}{\partial z}$$

Una forma alternativa de expresar las operaciones que tenemos que hacer, es en forma de "determinante":

$$\begin{vmatrix} \dfrac{\partial h}{\partial x} & \dfrac{\partial h}{\partial y} & \dfrac{\partial h}{\partial z} \\ \dfrac{\partial u}{\partial x} & \dfrac{\partial u}{\partial y} & \dfrac{\partial u}{\partial z} \\ \dfrac{\partial v}{\partial x} & \dfrac{\partial v}{\partial y} & \dfrac{\partial v}{\partial z} \end{vmatrix}$$

que recibe el nombre de "determinante jacobiano" de la transformación, o simplemente "jacobiano".

Así, como hemos visto, se pueden usar coordenadas arbitrarias, y hacer transformaciones de ellas para conocer sus valores en otros sistemas; aunque las componentes cambien de valor al cambiar de sistema, el "cálculo diferencial absoluto" o "cálculo tensorial", se formula de manera que las magnitudes físicas del mundo real tengan el mismo valor en todos los sistemas, pues como dijimos antes no deberían depender del sistema de coordenadas en el que se hagan las medidas, y así todos los observadores en cualquier sistema, obtendrán las mismas relaciones matemáticas entre las magnitudes que midan, representadas por las mismas fórmulas, y por tanto, las mismas "leyes de la naturaleza".

Esto se consigue haciendo las compensaciones necesarias en los valores de las componentes, pues si se conoce la cantidad en que varían al cambiar de sistema, se podrán añadir términos compensatorios en las fórmulas de manera que las magnitudes físicas tengan el mismo valor en todos ellos.

Y, como hemos visto esto requiere utilizar el "jacobiano", pues conociendo el valor del conjunto de derivadas parciales, se puede saber la cantidad en que varían las componentes al cambiar de sistema. Veremos también que se necesita conocer su correspondiente inverso, pues la transformación debe ser invertible.

Al hacer operaciones de derivación se utiliza la llamada "derivación covariante", que añade a la derivada normal de una magnitud, el cambio en los valores debido al sistema de coordenadas empleado:

$$DA^i = \left(\frac{\partial A^i}{\partial x^l} + \Gamma^i_{kl} A^k \right) dx^l$$

Como vemos a la derivada normal de la magnitud física con la que estemos operando, se le suma un término adicional, Γ^i_{kl} , que se define así:

$$\Gamma^i_{kl} = \frac{1}{2} g^{im} \left(\frac{\partial g_{mk}}{\partial x^l} + \frac{\partial g_{ml}}{\partial x^k} - \frac{\partial g_{kl}}{\partial x^m} \right)$$

Esta magnitud y otra semejante que se puede ver al principio de este escrito, reciben el nombre de "símbolos de Christoffel", y como vemos son combinaciones de derivadas del tensor fundamental, que es el que determina la métrica (la regla para medir distancias) de la variedad en la que se encuentren las magnitudes físicas con las que estemos operando.

De modo que nos dicen cómo varía la métrica a medida que pasamos de un punto a otro que esté junto a él, o a medida que recorremos la variedad de una manera continua, pues como vemos se deriva con respecto a las coordenadas; el que estas tengan índices distintos revela que la formula, cuando se desarrolla, nos da las variaciones en toda dirección posible.

Utilizando el principio de mínima acción se obtienen las fórmulas de las "distancias más cortas" para llegar de un "punto" a otro en una variedad curva, que tienen esta forma:

$$\frac{d^2 x^i}{ds^2} + \Gamma^i_{kl} \frac{dx^k}{ds} \frac{dx^l}{ds} = 0$$

En el caso de la Relatividad, el primer término (o "sumando"), representa la "cuadriaceleración"; el segundo incluye como vemos un "símbolo de Christoffel" lo que indica que se trata de la "línea de recorrido más corto" en una variedad curva; la igualación a cero muestra que se usa el principio de mínima acción para obtener la ecuación; es el equivalente a una línea recta en una variedad euclídea, y recibe el nombre de "geodésica".

Estos procedimientos matemáticos eran justamente los que Einstein necesitaba para formular las ideas de la Relatividad General, y los iremos considerando en detalle en los siguientes números de esta serie.

Pero lo que hemos tratado en este primer escrito, ya nos permite hacernos una idea de cómo funciona el "cálculo tensorial" y por qué hay que "reformular", por decirlo así, las leyes de la física en el lenguaje matemático del cálculo tensorial.

El sistema de ecuaciones que hemos obtenido para transformar las componentes de un "vector" al cambiar de un sistema de coordenadas a otro, ya se puede considerar como un "tensor", y de hecho, así es como se consideran los vectores, como tensores de menor rango; veamos por qué:

$$dh = \frac{\partial h}{\partial x} dx + \frac{\partial h}{\partial y} dy + \frac{\partial h}{\partial z} dz$$

$$du = \frac{\partial u}{\partial x} dx + \frac{\partial u}{\partial y} dy + \frac{\partial u}{\partial z} dz$$

$$dv = \frac{\partial v}{\partial x}\, dx + \frac{\partial v}{\partial y}\, dy + \frac{\partial v}{\partial z}\, dz$$

En el primer miembro de cada una de estas tres ecuaciones, tenemos los valores de las componentes del vector en un sistema de coordenadas, y en el segundo miembro tenemos sus valores en el otro sistema; considerando el sistema como un solo "objeto matemático", podemos decir que el primer miembro representa al vector en un sistema de coordenadas, y el segundo miembro lo representa en el otro, y como vemos, el valor es el mismo en los dos sistemas, siempre que las coordenadas "x", "y", "z" vayan acompañadas de las derivadas parciales correspondientes.

Esto se ve más claro cuando se utiliza la notación de subíndices y superíndices, típica del cálculo tensorial; puesto que hay que operar con sistemas de ecuaciones muy grandes, se utiliza una notación "compacta", por decirlo así, que se hace más manejable, y solo hay que desarrollarla, cuando se tienen que hacer ya los cálculos numéricos; el sistema de ecuaciones de arriba, y otros incluso mucho mayores, pueden representarse por la siguiente ecuación:

$$\mathbf{dx}_\sigma' = \sum_\nu \frac{\partial x_\sigma'}{\partial x_\nu} \mathbf{dx}_\nu$$

(*donde* $\sigma, \nu, etc. = 1, 2, 3, 4, \ldots, n$; y cuando hay que hacer los cálculos numéricos se sustituyen las letras que se usan como índices por los conjuntos de números que correspondan, la suma que se simboliza por $\sum$ se desarrolla, y la ecuación "comprimida" de arriba se vuelve a transformar en el sistema de ecuaciones)

Y la transformación de un tensor, en general, se representa por medio de fórmulas semejantes a esta:

$$A'^{\sigma} = \sum_{\nu} \frac{\partial x'_{\sigma}}{\partial x_{\nu}} A^{\nu}$$

donde los subíndices y los superíndices representan componentes "covariantes" y "contravariantes", respectivamente, siendo unas inversas de las otras, lo que permite invertir las operaciones de transformación de coordenadas cuando es necesario.

Pero hay otra razón muy importante para utilizar tanto el "jacobiano" de una transformación, como su correspondiente "jacobiano" inverso: El conjunto de derivadas parciales que constituyen un jacobiano, pueden también colocarse como los elementos de una matriz, utilizando paréntesis curvos, en lugar de las dos líneas rectas del determinante, y como sabemos, el producto de una matriz por su inversa da como resultado la matriz unidad.

Puede que tengamos que hacer operaciones entre magnitudes físicas, que, expresadas en forma tensorial, contengan, algunas de ellas, uno o más jacobianos, y en algunas de las otras haya jacobianos inversos. Si tenemos que multiplicar dos magnitudes en las que sea así, los jacobianos inversos se cancelarán entre sí.

En la "notación de índices" esto se reflejará en que en el producto resultante un índice covariante se cancelará con otro contravariante del mismo tipo, y esto reducirá el rango del tensor.

Tal operación se llama "reducción" o "contracción" del tensor; de hecho, el producto escalar de vectores que hemos considerado antes se puede considerar como tal operación, pues cancela el índice que utilizaríamos para representar abreviadamente las componentes de los vectores, dejando una cantidad escalar, sin ningún índice que represente componentes.

En la fórmula de arriba podemos considerar que el primer miembro representa el "tensor" en un sistema de coordenadas, y el segundo representa la misma magnitud física transformada a otro sistema; y el signo "igual" entre los dos miembros de la ecuación indica que el valor es el mismo en ambos.

Vamos a ver un ejemplo que muestra como esta forma de expresar las transformaciones garantiza la invariancia, es decir, que las magnitudes tengan el mismo valor en todos los sistemas de coordenadas.

Por ejemplo, en una variedad de cuatro dimensiones diremos que 4 cantidades tales como A_ν , ($\nu = 1,2,3,4$) son las componentes de un cuadrivector covariante si se cumple la siguiente condición:

$$\sum_\nu A_\nu B^\nu = invariante$$

Donde "invariante" significa que es una cantidad escalar que en un punto determinado tiene el mismo valor en todos los sistemas.

La condición se cumple porque las expresiones tensoriales de los dos cuadrivectores son, respectivamente:

$$B^\nu = \sum_\nu \frac{\partial x'_\sigma}{\partial x_\nu} B_\nu$$

$$A_\nu = \sum_\nu \frac{\partial x_\nu}{\partial x'_\sigma} A^\nu$$

De modo que:

$$\sum_\nu A_\nu B^\nu = \sum_\nu \left(\frac{\partial x_\nu}{\partial x'_\sigma} \frac{\partial x'_\sigma}{\partial x_\nu} A^\nu B_\nu \right) = \sum_\nu A^\nu B_\nu$$

Como vemos, los dos jacobianos, los dos conjuntos de derivadas parciales, son inversos uno del otro, su multiplicación equivale a multiplicar una matriz por su inversa, y el resultado es la matriz unidad; por tanto podemos decir que se cancelan entre sí, y nos queda la suma de cuatro valores fijos: las componentes de los cuadrivectores en algún punto de la variedad, una magnitud invariante.

Como veremos con más detalle en números próximos, los "tensores" se expresan siempre de manera que vayan acompañados de las magnitudes compensatorias adecuadas, para que las entidades físicas que representan tengan el mismo valor en todos los sistemas de coordenadas, y como se puede ver en el ejemplo considerado, generalmente son el conjunto de derivadas parciales que constituyen el "jacobiano" de la transformación.

Además de los métodos de notación "compacta" que hemos visto antes, se utilizan convenios de suma que ya explicaremos, que hacen innecesario usar el símbolo habitual para representar una suma o sumatorio (la letra griega "sigma mayúscula": $\sum$) ; todo eso requiere establecer ciertas reglas para manejar los subíndices y superíndices que se utilizan en las fórmulas, y aprender a desarrollarlas cuando hay que hacer los cálculos.

Antes hemos comentado que los científicos tenían un motivo para desarrollar métodos matemáticos en los que los valores de las magnitudes físicas fundamentales no dependiesen del sistema de coordenadas utilizado, y tuviesen el mismo valor en todos ellos.

Pero había otra motivación importante procedente de lo que pudiéramos llamar la "matemática pura", concretamente de la geometría.

Y, como veremos, ambos motivos están íntimamente relacionados, pues el uso de coordenadas curvilíneas generalizadas y arbitrarias, que como hemos visto, parece ser un requisito físico necesario, implica que en realidad estamos haciendo física en "variedades geométricas" con curvaturas y deformaciones de todo tipo. Y la Relatividad General de Einstein confirmó definitivamente que es así.

Uno puede considerar a la geometría como "matemáticas puras". Por ejemplo podemos empezar con los axiomas de la geometría euclídea, que es la geometría más familiar, la que se estudia ya en el colegio y en el instituto, y derivar de dichos axiomas las fórmulas geométricas sin hacer ninguna referencia al mundo físico.

Pero lo cierto es que la geometría se puede también considerar una ciencia física, y de hecho el hombre descubrió la geometría (palabra derivada del griego, que significa: "medición de la tierra") en el mundo físico.

La Relatividad General de Einstein pone de manifiesto claramente la íntima relación, prácticamente la identificación, entre geometría y física.

En años recientes se está proponiendo que el "mundo matemático" y el "mundo físico" son en realidad lo mismo (aunque seguramente el "mundo matemático" contenga más realidades que las que se han descubierto hasta ahora en el "mundo físico").

En tiempos del famoso matemático Carl Friedrich Gauss, había dudas sobre el hecho de que la geometría clásica euclídea fuese la verdadera geometría del mundo real.

Gauss mismo intentó hacer comprobaciones experimentales sobre el tema. En la geometría euclídea, una de las reglas más conocidas que se cumple, es que la suma de los tres ángulos de cualquier triángulo da como resultado siempre 180º. Con la colaboración de unos ayudantes intentó comprobar si esto era así realmente en un triángulo muy grande, haciendo mediciones desde las cimas de tres montañas alejadas, de los ángulos del "triángulo" formado por las visuales entre las tres cimas: No encontró desviaciones de la predicción de la geometría euclídea, pero la desviación sí existe.

Lo que ocurre es que la superficie esférica de la Tierra es muy grande en comparación con nuestro tamaño y el de nuestros instrumentos, y una parte relativamente pequeña de su superficie se puede considerar prácticamente plana.

Si se trazase un triángulo sobre la superficie del planeta de un tamaño mucho mayor que el que utilizó Gauss, se comprobaría que la suma de sus tres ángulos es mayor de 180°.

Aunque los axiomas se consideran en matemáticas verdades tan evidentes que no necesitan demostración, los matemáticos habían obtenido demostraciones convincentes de los axiomas de Euclides, el famoso geómetra griego, excepto de uno de ellos, el llamado "axioma de las paralelas".

Ese axioma afirma que: "por un punto exterior a una recta solo se puede trazar una línea paralela a ella". Parece algo evidente, pero a pesar de muchos intentos no se consiguió lo que se podría llamar una "demostración estrictamente matemática" de él.

El hecho de que la superficie de la Tierra es aproximadamente esférica, se sabía ya, como mínimo desde la época griega clásica. Una prueba de que así era se podía obtener observando la sombra que la Tierra proyecta sobre la superficie lunar en los eclipses de Luna, cuando la Tierra se interpone entre la Luna y el Sol. La sombra siempre es una curva.

Pero supongamos que eso no se supiera y hagamos una especie de "experimento mental": Dos barcos están situados justamente en la línea del ecuador, aunque en diferentes puntos de ella, a muchísimos kilómetros el uno del otro, y empiezan a avanzar hacia el norte manteniendo ambos una trayectoria perfectamente recta, siempre perpendicular al ecuador. Convencidos de que la Tierra es plana suponen que sus trayectorias "paralelas" en todo momento (por ser las dos perfectamente perpendiculares a la línea del ecuador), no llegarán a juntarse nunca. Sin embargo cuando ambos lleguen al "polo norte" y se encuentren en él, comprenderán que realmente han estado viajando sobre una superficie esférica.

Gauss mostró que si unos "seres imaginarios completamente planos" viviesen en un inmenso mundo plano (de dos dimensiones), como una gran hoja de papel pero con un relieve con muchas curvaturas, alturas y depresiones, además de grandes llanuras, podrían determinar completamente la geometría de su mundo plano sin necesidad de considerar que tal "mundo" está inmerso, desde nuestro punto de vista tridimensional, en un "espacio" con una dimensión adicional, haciendo sus mediciones y experimentos exclusivamente en el plano bidimensional.

Después de todo eso es lo que hacen los que elaboran mapas de partes de la superficie de la Tierra usando métodos geodésicos.

Como ocurre con la geometría de la superficie terrestre, cuando se consideran grandes extensiones de ella, los habitantes del "mundo bidimensional" descubrirían que su geometría no es "euclídea".

Y, como hemos dicho, lo harían sin necesidad de ser conscientes en absoluto de que "hay una tercera dimensión" que ellos no perciben.

Para ello trazarían líneas coordenadas sobre la superficie, llamadas "coordenadas de Gauss" (algo parecido a los meridianos y paralelos que nosotros trazamos en los mapas de la Tierra), y usándolas para hacer mediciones, descubrirían que la geometría de su mundo se desvía de las predicciones de la geometría euclídea.

Esas desviaciones harían necesario, para medir distancias, utilizar un "teorema de Pitágoras" modificado; los cuadrados de las diferenciales de las coordenadas tendrían que ir multiplicados por unas cantidades determinadas para obtener valores correctos en las distancias, y como las curvaturas pueden ser diferentes en diferentes lugares, y por tanto con diferentes coordenadas, tales cantidades serían funciones de las coordenadas.

Esta "variante" del teorema de Pitágoras, aplicable a todo tipo de variedad geométrica, tenga la curvatura que tenga, se escribe abreviadamente así:

$$ds^2 = \sum g_{ik} \; dx^i dx^k$$

En el caso particular en el que la geometría sea euclídea, es decir sin curvaturas, las g_{ik} se reducen a la unidad, y los productos de cada dos coordenadas se vuelven a expresar como el cuadrado de una, de modo que la fórmula se transforma en el teorema de Pitágoras habitual. Se puede decir que es un "teorema de Pitagoras" generalizado, que incluye al teorema de Pitágoras habitual como un caso particular.

Como la forma que tomen esas funciones depende de las diversas formas de las curvaturas, conociéndolas se puede determinar completamente la forma del "espacio bidimensional" que estamos considerando, y en qué medida se desvía en cada "punto", de la geometría euclídea. Por tanto se llama a esas funciones "la métrica" del "espacio" o "variedad" bajo estudio.

Estas ideas y métodos matemáticos se pueden aplicar igualmente al "espacio tridimensional". El ejemplo que utilizó Gauss del "mundo plano" no debería hacernos pensar que nuestro "espacio tridimensional" está inmerso a su vez en otro "espacio" de una dimensión mayor; (eso es un asunto que tal vez consideremos en otros contextos, pues actualmente se está investigando cómo se genera la realidad que experimentamos a partir de "información", se están aplicando ideas de "informática cuántica", e incluso se considera que la realidad "tridimensional" que experimentamos podría originarse como una especie de "proyección holográfica" de información codificada en una frontera de menor dimensión).

Volviendo al ejemplo que utilizó Gauss, su extensión al espacio tridimensional solo significa que la geometría de éste se desvía de la geometría euclídea, y las funciones que constituyen la "métrica" de cada "espacio" o "variedad" determinan en qué proporción se desvía.

Además de Gauss, otros matemáticos, como Bolyai y Lobachevsky, desarrollaron independientemente geometrías no euclídeas.

Riemann desarrolló ampliamente los trabajos iniciados por Gauss, y otros matemáticos y físicos también hicieron contribuciones muy importantes.

Para dar a estos métodos matemáticos la mayor generalidad posible, se formularon de manera que pudieran aplicarse a "variedades" de cualquier número de dimensiones, pues en física y matemáticas se utilizan estructuras como los "espacios de configuración" y los "espacios de fases", que contienen todas las configuraciones posibles que pueda tomar cualquier estructura, sistema, o conjunto de entidades físicas, o todas las fases por las que pasa un proceso, y son "espacios matemáticos" de muchas dimensiones. En la teoría cuántica se emplean los "espacios de Hilbert" de infinitas dimensiones. Algún filósofo ha propuesto que tal vez deberíamos considerar tales "espacios" o "variedades" tan reales como el espacio físico tridimensional, que, al fin y al cabo, también es un tipo particular de "espacio matemático", tal como la geometría euclídea se puede considerar como un caso particular (de curvatura cero) de las geometrías más generales.

Ya consideramos antes también que al operar con vectores tridimensionales, surgen magnitudes con mayor número de componentes, y la Relatividad debe formularse en una variedad de cuatro dimensiones.

Es fácil comprender que a partir de la fórmula fundamental:

$$ds^2 = \sum g_{ik} \, dx^i dx^k$$

que como vemos contiene las cantidades g_{ik} que determinan la "métrica", y los Símbolos de Christoffel:

$$\Gamma_{i,kl} = \frac{1}{2}\left(\frac{\partial g_{ik}}{\partial x^l} + \frac{\partial g_{li}}{\partial x^k} - \frac{\partial g_{kl}}{\partial x^i}\right)$$

$$\Gamma_{kl}^i = \frac{1}{2} g^{im}\left(\frac{\partial g_{mk}}{\partial x^l} + \frac{\partial g_{ml}}{\partial x^k} - \frac{\partial g_{kl}}{\partial x^m}\right)$$

que muestran cómo van variando esas magnitudes al ir variando las coordenadas, como si nos fuéramos desplazando por toda la "variedad", podemos obtener a partir de esas fórmulas, el llamado "Tensor de curvatura" o "Tensor de Riemann-Christoffel", que define completamente la variedad en cuestión.

Y con estas explicaciones se puede decir que ya disponemos de una comprensión básica del cálculo tensorial y de las geometrías no euclídeas.

Para aplicarlo a la Relatividad General, se necesita disponer de otro tensor: el "Tensor energía-impulso de la materia", pues la Relatividad General es una teoría de la gravedad, y la materia es la fuente de la gravedad.

De acuerdo con la Relatividad General un objeto astronómico masivo, origina una distorsión en la geometría del espacio-tiempo, que hace que los cuerpos en su entorno se muevan en trayectorias curvas, explicando así la gravedad y sus efectos.

De modo que Einstein estableció unas "ecuaciones de campo" en las que en el primer miembro figura el tensor de curvatura (una variante que consideró adecuada para su teoría, del tensor de Riemann-Christoffel, el tensor de la geometría) y en el otro miembro figura el tensor energía-impulso de la materia, con magnitudes como la densidad y otras, multiplicado por una constante que es el equivalente de la constante de Gravitación de Newton. De hecho contiene a la constante de Newton, pero también otras cantidades, como la velocidad de la luz, para ajustarse a los requisitos de la relatividad, y alguna otra para equiparar el contenido dimensional en ambos miembros de la ecuación. De este modo relacionó la geometría del espacio-tiempo con su contenido material.

Como la teoría de Newton permite obtener muy buenas aproximaciones, la distorsión de la geometría en el entorno del Sol debe ser pequeña, y esto permitió usar la aproximación de Newton como guía y permitió hacer cálculos.

Pero el uso de las fórmulas tensoriales tuvo su efecto y dio como resultado pequeñas desviaciones, pero estas dieron los valores correctos que la observación había revelado.

Siendo la Relatividad General de Einstein una teoría tan importante para entender el Universo en que vivimos, y siendo necesario un buen entendimiento de ella para comprender los desarrollos de las investigaciones más recientes, merece la pena comprenderla a un nivel avanzado, y no solo a nivel de divulgación.

Se ha dicho que es una de las teorías físicas más bellas, y logró explicar una de las pocas cosas que la física de Newton no hizo: el avance del perihelio de Mercurio, descubierto por Leverrier mucho antes de que Einstein la desarrollara; predijo también la desviación de la luz al ser afectada por la fuerza gravitatoria del Sol, y el retardo temporal que origina un campo gravitatorio. Esas son las tres verificaciones iniciales, clásicas, que confirmaban la validez de la teoría; consideraremos cómo se hacen los cálculos para obtenerlas; en años recientes, observaciones astronómicas de precisión, así como la necesidad de tomarla en cuenta para que el sistema GPS proporcione datos precisos, han mostrado su validez hasta un grado impresionante.

El entender el "cálculo diferencial absoluto" o "cálculo tensorial", nos permitirá considerar muchas ramas importantes de las matemáticas, como cálculo vectorial, matrices y determinantes, cálculo diferencial e integral, y otras áreas, cuyo entendimiento nos será útil también en muchos otros campos de la ciencia.